ESSAI

SUR

L'ACOUSTIQUE,

OU

OBSERVATIONS SUR CETTE SCIENCE,

RÉDIGÉES D'APRÈS LES COURS DE PLUSIEURS FACULTÉS DE FRANCE;

PAR P. M.

TOULOUSE,

IMPRIMERIE DE J.^{N}-M.^{EU} DOULADOURE.

1829.

AVERTISSEMENT.

L'AUTEUR de cet Essai se propose de donner successivement toutes les autres parties de la Physique mécanique, dont le cours complet formera à peu près 24 volumes comme celui-ci.

Les observations qu'il y développe sont puisées à des sources nombreuses très-estimées; et elles seront, on espère, appréciées.

Pour les théories très-connues, et qui ne demandaient pas de l'extension, on a renvoyé à la Mécanique de Fischer.

L'Essai sur l'Acoustique, néanmoins, porte avec lui tout ce qui est nécessaire pour son intelligence, et, de même que les autres parties, est traité sur un plan entier, isolé, indépendant des principes exposés ailleurs, et ne nécessitant pas la connaissance d'autres théories physiques que celles qu'il contient.

Au lieu de nous étendre sur cet ouvrage, qui offre un ensemble et des détails qu'on n'aurait pu puiser qu'épars dans les autres Cours de physique, nous nous contenterons de citer quelques-uns des hommes célèbres dont on y rapporte les expériences : MM. Gassendi, Volet, Prisc, Biot, Thérol, Fischer, Orago, Savard, Teylon, Beudant, Humball, Lacaille, Maruldi, Cladmy, Mercel, Sauveur, etc., etc.

ACOUSTIQUE

OU

PHONIQUE.

La branche de la Physique qui a pour objet le son, se nomme *Acoustique* (1) ou *Phonique* (2). Elle comprend deux parties : la première explique les phénomènes généraux des corps *sonores*; la seconde examine les sons comparés qui servent de base à la théorie de la musique.

PREMIÈRE PARTIE.

§ I.er

Les divers mouvemens auxquels les corps peuvent participer, se réduisent à trois espèces : *progressif*, *rotatoire*, *vibratoire* ou *oscillatoire*.

Notre globe a deux de ces mouvemens.

Les corps et leurs parties qui obéissent au mouvement vibratoire, vont et reviennent alternativement, en se portant en deçà ou en delà de leur position primitive, avec un mouvement analogue à celui d'un pendule. Pour participer à ce mouvement, les corps ou leurs parties doivent jouir d'un certain degré d'*élas-*

(1) Du grec ἀκούω, j'entends.

(2) Du grec φωνή, voix.

ticité ou de ressort qui les rend susceptibles de mouvement. Lorsqu'une force étrangère les fait sortir de ce mouvement, les molécules ont la tendance d'y revenir par des *oscillations isochrones*. Si les *vibrations*, excitées par un certain moyen dans un tel corps, sont assez rapides; si elles jouissent d'une *intensité* telle, que, propagées jusques à l'oreille, elles l'affectent, il en résulte un son. Les corps susceptibles de participer à ce mouvement, sont nommés *sonores*.

Tous les corps élastiques sont sonores.

Si l'on frotte un archet contre un verre rempli d'eau, cette eau indique par ses ondulations les oscillations du verre.

Les vibrations, pour pouvoir affecter l'organe d'une manière sensible, doivent jouir d'un assez fort degré de rapidité. Lorsqu'elles sont faibles, il n'y a pas de son.

Chaque corps susceptible par son ressort d'entrer en vibrations qui jouissent d'une certaine intensité, est capable de produire un son.

Toutes les fois qu'un corps rend un son, le corps ou ses parties participent à un mouvement oscillatoire plus ou moins rapide.

La production du son demande, 1.° qu'un corps appelé sonore soit mis en vibrations qui jouissent d'une certaine rapidité : cette propriété appartient aux corps *solides*, *liquides* et *aériformes*; 2.° que ces vibrations parviennent à l'organe de l'ouïe. Ces vibrations sont portées à l'organe, ou par le corps lui-même, mais rarement, ou par un milieu, qui est ordinairement l'air, et qui est susceptible de les transmettre jusqu'aux parties intérieures de l'oreille. Pour que cet organe puisse être affecté par un son, il faut une continuité de matière intermédiaire entre le corps vibrant et l'organe. Il y a différens moyens d'exciter les vibrations; le *choc*, la *percussion* sont les plus ordinaires : archet de violon, frottement, pincement des cordes, passage de l'air à travers une petite ouverture.

§ 2.

Il faut distinguer un son d'un simple bruit ou fracas.

Les vibrations d'un corps qui engendre un son, sont toujours régulières dans leur succession. Elles achèvent leur succession en temps égaux; elles sont isochrones, quoique les amplitudes diminuent. Dans un simple bruit, les vibrations du corps qui en est la cause, sont irrégulières, et se terminent d'une manière brusque. Ces vibrations irrégulières excitent dans l'organe des sensations différentes, qui l'affectent d'une manière souvent désagréable.

Les sons et les vibrations varient à l'infini : ces variations dépendent de la rapidité des vibrations qui les font naître, de leur intensité, de la nature du corps sonore, des impressions qu'elles produisent sur l'organe, et de l'influence d'autres circonstances.

§ 3.

Les corps ne sont sonores qu'en vertu de leur élasticité ou de la force de leur ressort. Les corps sans ressort ne participent point à un mouvement vibratoire, tels que la terre glaise, une corde mouillée. Les corps qui n'ont qu'un ressort peu actif ne produisent qu'un son faible. Le son augmente en proportion de la tension d'une corde. Une cloche couverte d'une étoffe épaisse, un tambour couvert d'un crêpe, rendent un son obscur et lugubre. Le cuivre est le plus élastique, et par conséquent le plus sonore des métaux. Le plomb est le moins sonore.

Pour augmenter la sonorité du cuivre, on l'allie avec l'étain : par exemple, les cloches contiennent 75 parties de cuivre et 25 d'étain. Par la même raison on choisit des corps durs pour exciter des sons clairs et distincts : par exemple, le battant d'une cloche. Il y a des corps élastiques qui n'entrent pas en vibrations sonores, tels que la résine élastique.

§ 4.

L'intensité du son dépend de la grandeur des corps sonores, ou de l'étendue de leurs parties. Les corps sonores élastiques sont susceptibles de vibrations sonores, ou par la tension ou compression qu'ils éprouvent, ou par la rigidité de leurs parties. Les corps sonores par tension sont *filiformes* ou *membraniformes*, selon que le changement de figure, en les faisant résonner, engendre des lignes droites ou des surfaces courbes. Aux corps filiformes, appartiennent les cordes tendues; aux membraniformes, les membranes tendues. Les corps tendus, ou membraniformes, ou membranes tendues, appartiennent aux corps par tension. Aux corps par compression sont rapportés l'air dans les instrumens, et tous les autres fluides élastiques, gaz et vapeurs.

Les corps par rigidité ou roideur de leurs parties sont encore, ou filiformes ou membraniformes. Les filiformes peuvent être droits ou rectilignes, comme des verges de métal, de verre; ou curvilignes, comme des anneaux, des fourches. Les membraniformes planes et droits, comme des plaques de verre, de bois ou de métal; ou courbes, comme des cloches et vases creux. De là différentes espèces de vibrations sonores.

Voici leur distribution:

§ 5.

Les vibrations auxquelles les corps sonores peuvent participer, sont, ou *transversales*, ou *longitudinales*, ou *tournantes*. Les vibrations transversales se manifestent, lorsqu'un corps sonore ou ses parties exécutent des oscillations qui vont alternativement vers l'un ou l'autre côté. Dans ce cas, chaque partie du corps parcourt une ligne qui coupe l'axe transversalement, et dont les parties, allant et revenant, arrivent en même temps à la ligne verticale.

Les vibrations longitudinales consistent en contractions, ou dilatations alternatives du corps sonore ou de ses parties, suivant sa longueur ou le sens de l'axe. Ces vibrations se manifestent, par exemple, en frottant certains corps, suivant leur longueur. Ces sons sont très-aigus, et souvent désagréables : l'air dans les instrumens oscille suivant la longueur.

Les vibrations tournantes se manifestent, si le corps sonore tourne alternativement en sens opposé : ce sont des espèces de torsions qui s'exécutent dans un sens, et dans un sens opposé. Il résulte, que la force qu'on applique pour faire osciller les corps sonores, agit toujours dans une direction correspondante aux vibrations qu'on produit.

§ 6.

L'air atmosphérique dans lequel nous vivons, et qui est le véhicule du son, possède au suprême degré, à cause de sa grande élasticité, la faculté de se prêter aux vibrations sonores; car, 1.° il est lui-même un corps sonore : l'expérience prouve que l'air siffle en le traversant rapidement avec une baguette, qu'il claque sous le fouet; il se dilate subitement, si on le fait passer rapidement à travers un petit orifice; il engendre également du bruit quand il se jette dans un espace vide.

2.° L'air est en même temps la substance aériforme qui sert de milieu ou de véhicule le plus ordinaire et le plus général, par lequel les vibrations de tous les corps sonores se propagent en tout sens. Dans cette circonstance, l'air entre en oscillations correspondantes à celles où se trouve le corps sonore, et transmet jusqu'à l'oreille les oscillations, à l'exception de certains sons engendrés dans l'intérieur de notre corps, et dont nous ignorons la cause.

Tous les sons nous parviennent par l'air, puisque notre oreille elle-même est remplie d'air.

On trouve, à l'aide d'une expérience fort simple, que l'air est le véhicule du son. Cette expérience consiste à placer sur le tableau de la machine pneumatique un timbre sur une cloche : à mesure qu'on retire l'air, le son diminue; lorsque le vide est entièrement fait, on n'entend plus rien.

D'après les expériences d'un physicien italien, on observe un affaiblissement de son dans chaque vase où l'air est échauffé, et par conséquent raréfié. Un coup de pistolet produit plus d'effet dans les lieux bas qu'au haut d'une montagne. Le son se fortifie dans l'air condensé. Dans une chambre froide, les sons jouissent de plus d'intensité que dans une chambre chaude. Un physicien anglais, introduit dans une chambre creusée dans le roc, où l'air était condensé, a observé que l'intensité du son était plus considérable dans l'air comprimé par l'action des soufflets. L'opinion, que le calorique est le véhicule du son, est dénuée de preuves.

§ 7.

Quelques réflexions sur les corps solides, liquides et aériformes.

1.° *Aériformes.* Les autres fluides aériformes, tels que gaz et vapeurs, propagent le son aussi-bien que l'air. D'après les expériences de M. Prisc, physicien, l'intensité avec laquelle les sons se transmettent par les autres gaz, dépend principalement de leur densité. Le son, produit dans le gaz hydrogène, est moins intense. M. Biot a observé que l'intensité des sons engendrés dans les vapeurs augmente avec son ressort. Si l'on mêle du gaz hydrogène avec l'air atmosphérique, l'on produit un son plus faible. Un anglais a trouvé que le mélange du gaz hydrogène avec l'air atmosphérique, exerce une influence très-marquée pour étouffer. Si l'on enlève la moitié de l'air atmosphérique, et qu'on le remplace par l'hydrogène, les sons sont à peine susceptibles d'être entendus par l'homme.

2.° *Liquides.* Les sons se propagent d'une manière plus sensible dans les corps liquides. Si vous plongez la tête dans l'eau, et que l'on choque dedans deux pierres l'une contre l'autre, vous entendez le bruit jusqu'à la distance d'un demi-mille. (M. Volet l'a prouvé par plusieurs expériences.)

Si encore, étant plongé dans l'eau, on agite une sonnette dans le liquide, l'intensité du son est plus forte que dans l'air; ce bruit fatigue plus l'oreille que son intensité. M. Thérol, ayant suspendu une montre à un fil de chanvre mouillé, et ayant plongé cette montre dans différens liquides, a observé que les battemens cessaient d'être entendus de la manière suivante :

La montre, plongée dans l'eau, on cesse d'entendre les battemens à...	20 pieds.
dans l'huile ordinaire,	16
dans la térébenthine,	14
dans l'esprit de vin,	12
Tandis que, suspendue dans l'air, on cessait d'entendre à.	8

3.° *Solides.* La transmission des sons a également lieu d'une manière très-sensible à travers les corps solides, pourvu qu'ils jouissent du degré de ressort nécessaire pour participer à des vibrations sonores. Les parties solides osseuses de la tête, propagent très-puissamment les sons. Pour rendre plus sensible la propagation des sons à travers un corps solide, on n'a qu'à la mettre en communication avec une partie de la tête. On entend très-distinctement le choc d'une tête d'épingle qui frappe le bout d'une poutre, en appliquant l'oreille à l'autre extrémité, tandis que l'air ne le propage pas. C'est de cette manière que le son se propage, à des distances très-éloignées, par une longue poutre de sapin, et par une suite de lattes suspendues bout à bout à des fils mouillés. Le son se propage jusqu'à 50 toises.

Pour fortifier le son des corps sonores qui n'ont qu'une faible intensité, on se sert du bois de sapin. La terre propage aussi le bruit à des distances très-éloignées; car, pendant la nuit, on entend très-bien, en se couchant et appuyant l'oreille contre le terrain, un bruit très-éloigné.

Un mineur, travaillant à sa mine, entend fort bien un autre mineur qui est du côté opposé au premier.

Il résulte de ces expériences, que les corps solides propagent les sons, mais qu'ils le font avec plus d'intensité que les corps gazeux.

En appuyant une montre contre des verges cylindriques, faites de différentes espèces de bois, de métal, de même longueur et de même épaisseur, tenant en même temps l'autre bout du cylindre entre les dents, ou l'appuyant à la tête, et se bouchant les oreilles, on reconnaît que l'intensité du son, à travers les baguettes, en se propageant, observe l'ordre suivant:

Pour le bois.	Métal, moins distinctement.
Sapin.	Acier.
Buis.	Fer.
Cerisier.	Argent.
Châtaignier.	Or.
	Etain.
	Plomb.

Les cordes propagent à un degré plus faible. Voici l'ordre :

Cordes à boyaux,
— à cheveux,
— à chanvre,
— à soie,
— à laine.

Le degré d'intensité qu'acquièrent les sons en se transmettant à travers les corps solides, dépend de leur forme : une lame propage plus le son qu'une masse informe du même métal.

SECONDE PARTIE.

Sons comparés.

1.° Les vibrations régulières et isochrones des corps sonores peuvent être comparées entr'elles relativement à la vîtesse avec laquelle elles s'achèvent et se succèdent. De là résultent des sons comparés ou des tons, dont les combinaisons harmonieuses sont l'objet de la musique.

Ces sons se distinguent en sons graves ou bas, et sons aigus ou hauts.

Un son n'est grave ou aigu que par sa comparaison avec un autre, c'est-à-dire en comparant le nombre de vibrations qui les engendrent ou leur vîtesse. On appelle grave celui dont le nombre de vibrations est moindre, et aigu, celui dont le nombre de vibrations est plus grand, dans le même temps.

2.° Les vibrations transversales des corps tendus

fournissent le moyen le plus exact et le plus commode pour faire ces comparaisons. Les vibrations transversales des cordes formées d'un simple fil de métal, des cordes de musique, des verges rectilignes, sont les seules qu'on ait pu jusqu'à présent soumettre au calcul. Pour faire osciller un fil métallique, il doit être plus ou moins tendu entre deux points fixes, comme les cordes des instrumens. On attache encore une telle corde par une extrémité seulement, et on lui fait subir une tension verticale par un poids suspendu à l'autre extrémité. Si la corde est tendue horizontalement, on la fait passer sur une poulie placée à l'autre extrémité. Les appareils appropriés à ce genre d'expérience se nomment *monocordes* ou *solomètres*. Pour isoler une certaine partie d'une corde tendue, et qu'on veut faire osciller, on la limite au moyen d'une pince ou d'un chevalet. La position des cordes d'un solomètre doit être verticale, parce que le son d'une simple corde isolée est faible et peu durable. Les points fixes d'un solomètre sont placés à la surface d'une caisse vide, faite de planches de bois de sapin minces. Ces planches, en partageant les mouvemens vibratoires de la corde, renforcent par leur résonnance les sons de la corde tendue sans lui faire subir la moindre altération.

Appareil de ces comparaisons.

3.° La rapidité ou la vîtesse des vibrations des corps tendus, c'est-à-dire le nombre de vibrations qu'elles exécutent en même temps, dépend de trois circonstances : 1.° de leur longueur; 2.° de leur élasticité ou tension; 3.° de leur masse ou grosseur. Or, connaissant chacune de ces propriétés d'une corde, grosseur et poids qui produit la tension, on peut toujours déterminer le rapport du nombre des oscillations infiniment petites, achevées dans un certain temps connu, à celui qu'une autre corde de la même nature achève dans le même temps; ainsi que le rapport de la durée de ces oscillations dans le même cas, connaissant la longueur et la largeur.

L'analyse démontre le théorème précédent, qui est dû à Teylon, géomètre anglais.

En représentant la longueur de deux cordes par L et L′, leur diamètre ou grosseur par D D′, leur tension ou les poids qui les produisent par P P′, enfin le nombre des vibrations achevées dans le même temps par N et N′,

$$\begin{array}{c} L - L' \\ D - D' \\ P - P' \\ \hline N - N' \end{array}$$

$$\begin{aligned} N : N' &:: L : L' \\ &:: D : D' \\ &:: \sqrt{P} : \sqrt{P'} \end{aligned}$$

alors le rapport du nombre des vibrations des sons, relativement à leur hauteur, est un rapport composé du rapport inverse de leur longueur et de leur diamètre, et du rapport direct de la racine carrée de leur tension ou des poids qui la produisent.

Les cordes oscillent d'autant plus rapidement, elles achèvent un nombre de vibrations d'autant plus grandes, qu'elles sont moins longues, moins épaisses, et plus fortement tendues.

Les tensions relativement à certaines circonstances, augmentent comme le carré des poids qui les produisent; ce qui donne lieu aux trois conséquences suivantes :

1.° Si deux cordes ont la même grosseur et la même tension, les nombres de leurs vibrations sont réciproques à leur longueur, et l'on a

$$\left\{\frac{D = D'}{P = P'}\right. \quad N : N' :: L' : L.$$

2.° Si deux cordes ont la même longueur et la même tension, les nombres de leurs vibrations sont réciproques à leur diamètre, et l'on a

$$\left\{\frac{L = L'}{P = P'}\right. \quad N : N' :: D' : D.$$

3.° Si deux cordes ont la même longueur et la même grosseur, le nombre des vibrations est directement proportionnel à la racine carrée des tensions ou des poids qui les produisent, et l'on a

$$\left\{\frac{L = L'}{D = D'}\right. \quad N : N' :: \sqrt{P} : \sqrt{P'}.$$

Ce qui fait qu'une corde tendue par poids quadruple d'une autre, vibre deux fois plus rapidement que cette autre.

Il est aisé de prouver sur le solomètre ou sur le monocorde la correspondance de ces résultats théoriques avec l'impression sensible de ces sons rendus par les cordes sur l'organe de l'ouïe. Ces résultats sont les suivans :

Premier corollaire.

1.° Le nombre des vibrations ou la hauteur des sons de deux cordes également grosses, également tendues, sont réciproques à leur longueur; on trouve, si dans cette supposition les cordes ont la même longueur, qu'elles sont à l'unisson, c'est-à-dire qu'elles exécutent en même temps le même nombre de vibrations, et qu'elles font la même impression sur l'oreille.

2.° En réduisant, dans les mêmes circonstances, l'une des deux cordes à la moitié, elle fera dans le même temps deux fois plus de vibrations que l'autre. L'oreille distingue alors l'octave supérieure. En représentant par l'unité le plus grave des sons, l'octave supérieure sera représentée par 2, c'est-à-dire que la corde dont la longueur est réduite à la moitié, rendra deux vibrations aiguës pendant que l'autre n'en rendra qu'une grave. Le rapport 1 : 2, en musique, est l'intervalle de deux *ut* de la gamme ordinaire.

3.° L'une des cordes, toujours dans la même circonstance, étant réduite aux 2/3 de sa longueur, elle fera trois vibrations pendant que l'autre n'en fera que deux. Elle rend alors la quarte aiguë au-dessus, ou l'intervalle de *sol* à *ut*.

4.° En la réduisant aux 3/4, elle fera quatre vibrations pendant que l'autre n'en fera que trois; elle donnera alors la quinte aiguë ou l'intervalle d'*ut* au *la :* ou bien la quarte majeure ou l'intervalle du *si* au *mi*, en réduisant la longueur aux 4/5; ou de l'*ut* au *ré*, en réduisant la longueur aux 8/9.

Enfin, on distingue l'intervalle de l'*ut* au *la* ou la sixte, en la réduisant aux 3/5.

On obtient de cette manière, en faisant varier les longueurs, la série des sons de la gamme ordinaire ou échelle musicale, qui comprend les sept tons de la gamme ordinaire.

En représentant par l'unité le nombre des vibrations fondamentales de l'*ut*, on a par cette différence, pour la gamme ordinaire,

ut	ré	mi	fa	sol	la	si	ut
1 —	$\frac{8}{9}$	$\frac{4}{5}$	$\frac{3}{4}$	$\frac{2}{3}$	$\frac{3}{5}$	$\frac{8}{15}$	2
1 —	0,888 —	0,800 —	0,75 —	0,66 —	0,60 —	0,533 —	2.

Les longueurs étant ainsi représentées, on aura le rapport des vibrations représentées par la fraction inverse :

$$1 \quad \frac{9}{8} \quad \frac{5}{4} \quad \frac{4}{3} \quad \frac{3}{2} \quad \frac{5}{3} \quad \frac{15}{8} \quad 2.$$

En fixant sur une même caisse sonore huit cordes de la même nature, ayant le même diamètre, et également tendues, et dont la longueur est réciproque au nombre des vibrations, ces cordes, si on les fait vibrer, rendront les notes de la gamme ordinaire, y compris l'*ut* supérieur.

Deuxième corollaire.

On trouve qu'une corde égale à une autre en longueur et en tension, mais dont la grosseur est moindre de moitié, fera deux fois autant de vibrations que la première dans le même temps, et donnera l'octave supérieure : elle fera entendre la quinte ou l'intervalle de l'*ut* au *sol*, si dans les mêmes circonstances son diamètre est réduit aux $4/5$; de l'*ut* au *fa*, s'il est réduit aux $3/4$, ainsi de suite.

Troisième corollaire.

Le nombre de vibrations de deux cordes également longues et grosses, mais tendues par des poids inégaux, étant comme les racines carrées de ces poids, on trouve que la corde tendue par un poids quadruple, et faisant deux fois plus de vibrations, rendra l'octave aiguë supérieure.

Si elle est tendue par un poids égal aux $3/4$ de celui de la première, ce sera l'intervalle d'*ut* à *sol*; par un poids égal aux $16/9$, l'intervalle de l'*ut* au *fa*, la quarte.

En variant par conséquent la tension de deux cordes également longues et grosses, on obtient la même série.

Si la tension est

ut	ré	mi	fa	sol	la	si	ut
1	$\frac{81}{64}$	$\frac{25}{16}$	$\frac{16}{9}$	$\frac{9}{4}$	$\frac{25}{9}$	$\frac{225}{64}$	4,

le nombre des vibrations, qui est la racine carrée de ces fractions, sera

ut	ré	mi	fa	sol	la	si	ut
1	$\frac{9}{8}$	$\frac{5}{4}$	$\frac{4}{3}$	$\frac{3}{2}$	$\frac{5}{3}$	$\frac{15}{8}$	2.

Observations.

On attribue la découverte de ces rapports numériques, correspondans aux intervalles des sons de la musique, au philosophe Pythagore. Passant près de l'atelier d'un forgeron, il fut surpris d'entendre des sons cadencés, provenant du bruit des marteaux, et qui représentaient une quarte. Il trouva que celui qui rendait l'octave d'en haut était la moitié du plus pesant, la quinte était les $2/3$, la quarte en était les $3/4$. Cette anecdote prouve que cette découverte de la gamme est très-ancienne.

L'expérience prouve qu'un cylindre d'acier, chauffé au blanc, passe, en se refroidissant, par les teintes..... blanche, rouge, orangée, jaunâtre, verdâtre, bleuâtre, indigo, violet. On dit qu'en l'ébranlant à mesure qu'il prend ces teintes, il fait entendre la gamme musicale.

Newton a cru avoir trouvé une certaine analogie entre les sept couleurs et le rapport numérique de la gamme. Le nombre des vibrations des cordes et la hauteur, ne dépend, d'après cela, que de la longueur, de l'épaisseur et de la tension de ces cordes, et non de leurs propriétés matérielles. Donc, deux cordes de matière différente, l'une de métal et l'autre de boyaux, seront à l'unisson, si leur longueur, largeur et tension sont égales; le nombre des vibrations sera le même. Cependant l'oreille sera diversement affectée; et cette différence de sons, quoiqu'ils soient produits par des corps dans les mêmes circonstances, est appelée *timbre*. Le timbre provient de la différence de rigidité, et de la qualité de matière qu'on emploie pour les faire résonner.

Le rapport d'un son à un autre, qui consiste dans le rapport du nombre des vibrations, est appelé *intervalle*. Les intervalles portent différens noms, suivant le nombre des sons ou tons qui se trouvent entre ceux que l'on compare. Lorsqu'ils se suivent immédiatement, l'intervalle est nommé *seconde;* quand il y a 1, 2, 3 sons intermédiaires, l'intervalle est appelé *tierce, quarte, quinte.....* La coexistence de deux ou plusieurs sons forme un accord. Le plus simple des accords est l'unisson ; puis l'octave, qui se distingue aisément à cause de sa simplicité. La série des sons que l'octave contient forme une échelle musicale : celle des 8 sons, ut, ré, mi, etc., s'appelle *diatonique;* celle de 13 sons, *chromatique.* On donne aux octaves successives et plus aiguës d'un même son, la dénomination d'octave double, triple, etc., qu'on distingue par 2, 3, etc., les sons de l'octave fondamentale étant 1 — ut_1, ut_2, ut_3, etc. Les octaves plus graves et inférieures se distinguent en mettant un *minùs* par dessous ut_{-1}, ut_{-2}, ut_{-3}, etc.

Il résulte de la théorie des vibrations des corps sonores, que, pour représenter par des nombres les sons des autres tons comparés, on n'a qu'à multiplier ou diviser par 4, 8, 16, 32, le nombre des vibrations de la gamme fondamentale.

Soit le son 20; à quelle note répondra-t-il? Pour l'abaisser d'une octave, je le divise par 2..... 10; je le divise encore par 2.... 5; je le divise par 2.... $5/2$; je le divise par 2.... $5/4$. Donc le son répondra au *mi* de la seconde octave supérieure. S'il arrive que le nombre donné ne puisse être ramené à un des nombres de la gamme, on aura un son intermédiaire.

Quand on examine la valeur numérique des notes, on peut aisément trouver les rapports numériques des intervalles désignés par les noms de seconde, tierce, quarte, quinte, etc. En comparant sept sons deux à deux, et se suivant immédiatement, on aura le rapport des secondes. Si on veut connaître le rapport de l'*ut* au *ré*, on divise 9/8 par l'unité, ce qui fait encore 9/8 ; pour avoir le rapport de *ré* à *mi*, il faut diviser 5/4 par 9/8.

Tableau du rapport des Secondes.

ut à ré	ré à mi	mi à fa	fa à sol	sol à la	la à si
$\frac{9}{8} \times 1$ —	$\frac{5}{4} \times \frac{9}{8}$ —	$\frac{16}{9} \times \frac{5}{4}$ —	$\frac{5}{4} \times \frac{16}{9}$ —	$\frac{5}{3} \times \frac{3}{2}$ —	$\frac{15}{8} \times \frac{5}{3}$.

Le rapport de 9/8 à 10/9, porte le nom de *ton majeur,* relativement à 10/9, appelé *ton mineur,* parce qu'il est plus petit que le premier. Le rapport de 16/15 est appelé *sémi-ton* majeur, parce qu'il ne diffère de l'unité que de 1/8, ce qui est à peu près le double de 1/15.

La série de ces rapports est formée de trois tons majeurs, de deux mineurs, et de deux sémi-tons majeurs. Si l'on compare de la même manière deux sons de la gamme, en excluant un ton intermédiaire, on trouve les rapports exprimés par des *tierces.* Les accords qui résultent de la coexistence de deux ou plusieurs sons, forment, quand ils plaisent à l'organe, des *consonnances ;* et des *dissonnances,* quand ils sont désagréables.

Pour passer, dans la gamme ordinaire, d'un son ou ton au suivant par des degrés plus rapprochés, et pour avoir un plus grand nombre de tons, on est obligé d'insérer des sons intermédiaires, qu'on appelle *dièzes, bémols.* Tout son est diézé, quand, pour le rendre plus aigu, ou pour le hausser, on multiplie sa valeur numérique, dans la gamme fondamentale, par $\frac{25}{24}$; *ré* dièze, $\frac{9}{4} \times \frac{25}{24} = \frac{225}{96}$; et pour bémoliser une note, on la multiplie par $\frac{24}{25}$; *ré* bémolisé, $\frac{9}{4} \times \frac{24}{25} = \frac{216}{100}$.

Le rapport de $\frac{25}{24}$ à $\frac{24}{25}$ est le plus petit de ceux usités dans la musique. On nomme aussi $\frac{25}{24}$, sémi-ton majeur; et $\frac{24}{25}$, sémi-ton mineur.

Y compris les dièzes et bémols, on a quatorze sons dans la musique. Le dièze est désigné par $\sharp$, le bémol par *b*. Les instrumens de musique, claveeins, piano, etc., ne rendent qu'un nombre limité de sons : on les appelle instrumens à sons fixes. Ils ont douze touches par octave, dont sept sons de la gamme, et cinq tons neutres, servant de dièze à la note qui précède, et de bémol à celle qui suit. Le violon et la voix humaine comprennent un nombre illimité de tons, et peuvent produire chaque son donné sans l'altérer.

Sons harmoniques.

§ 1.er

On n'a considéré que le son principal qu'une corde produit selon sa longueur, grosseur et tension; mais en écoutant attentivement, on distingue plusieurs autres sons plus aigus que le son fondamental. Ainsi, en faisant osciller une seule corde, qui jouisse d'une certaine longueur, et d'une tension convenable, l'oreille entend, en s'approchant, outre le son principal, deux autres sons plus faibles, mais assez distincts. Le son principal, représenté par l'unité, les deux autres le seront, l'un par 3, l'autre par 5; c'est-à-dire, si le premier son est *ut*, le second est l'octave de sa quinte, et le troisième, la double octave de sa tierce majeure. Mais outre ces deux sons, qui sont les plus distincts, on entend encore l'octave supérieure 2, et même l'octave double 4. Il est probable que cette série ne s'arrête pas là, mais qu'elle se propage indéfiniment. La même corde fait donc entendre à la fois, mais toujours en diminuant, les sons 1, 2, 3, 4, 5, c'est-à-dire tous ceux qu'elle peut produire en se divisant en un nombre entier de parties. On donne encore au son principal le nom de *son générateur*, et au son plus faible, celui de *son relatif* ou *harmonique*. On indique par cette expression la résonnance simultanée de plusieurs sons, dont l'ensemble est peu agréable à l'oreille. Au lieu de représenter ces sons harmoniqnes par le rapport numérique des vibrations, on peut les désigner par la longueur des cordes ou le nombre des vibrations. (*Voyez* Fischer.)

§ 2.

Cette résonnance des sons harmoniques ne provient pas des corps environnans dont les fibres sont à l'unisson, ou dans un même rapport harmonique : c'est en faisant l'expérience en plein air avec une seule corde, de manière que les points d'attache n'aient point d'harmonie sensible, qu'on a reconnu la même série de sons. Ces sons ne peuvent donc provenir que de la corde oscillante; mais comme la tension de cette corde reste la même, il faut que ce soit la longueur qui varie ; mais la corde étant fixée par les deux bouts, cette longueur ne peut changer qu'en se partageant elle-même en parties, qui, pendant que la corde entière oscille, vibrent isolément, de manière à engendrer des sons harmoniques. Ces sons sont produits, parce que, pendant que la corde entière vibre, la moitié, le tiers, le quart vibrent isolément. On peut prouver, par une expérience assez simple, que chaque corde est susceptible de se partager en parties égales qui vibrent séparément, et qui sont séparées par des points immobiles, appelés nœuds.

Cette division en parties égales s'effectue, quand, après avoir isolé la première partie aliquote de la corde par un léger obstacle, on ébranle ensuite séparément cette même partie.

Mettant un chevalet au tiers d'une corde, et ébranlant cette partie, les deux autres tiers vibreront isolément. Il en est de même si l'on ne prend que le quart, le cinquième de la corde. Il arrive alors que, cette partie étant la unième de la corde, cette corde se divise en N — 1.

On peut rendre visible cette division en suspendant de petits chevrons de papier plié à toutes les parties de la corde, la première partie exceptée. Faisant alors résonner cette première partie, l'ébranlement fait tomber les petits papiers, excepté ceux placés aux nœuds. Donc, pour faire résonner les parties aliquotes d'une corde, il faut toujours séparer la première partie. Les points de la plus grande excursion de chaque partie vibrante, s'appellent neutres.

§ 3.

Par conséquent, si la corde se divise de cette manière en deux parties, le son qu'elle rend est plus aigu d'une octave que celui rendu par la corde entière. Si elle se divise en trois parties, le son qu'elle rend est plus aigu d'une quinte que celui du cas précédent; si c'est en quatre parties, il est plus haut d'une quarte.

En général, tous les sons forment une série, dont les termes sont comme le nombre de parties. Comme les sons harmoniques se font entendre à la fois, ils forment la même série de nombres, 1, 2, 3, 4, 5; il faut en conclure, que toutes ces oscillations existent en même temps. C'est donc de la coexistence de ces sons que se forment les sons harmoniques. L'expérience par laquelle on peut rendre sensibles les parties aliquotes, a été trouvée, en 1701, par un physicien français, *Sauveur*. Les différens sons harmoniques rendus par les cordes de l'instrument appelé *harpe d'Eole*, et qui sont engendrés par les courans d'air, résultent aussi des vibrations de la corde entière et de ses parties aliquotes. Voilà la manière dont sont engendrés les sons harmoniques par la corde et ses parties. Ces résultats n'ont pas seulement lieu pour les cordes, mais pour tous les corps sonores.

§ 4.

On ne doit pas confondre les sons harmoniques, engendrés par les vibrations de différentes espèces auxquelles le même corps participe, avec la résonnance des corps environnans. Dans ce dernier cas, l'exécution des sons harmoniques provient, dans un grand nombre de circonstances, de l'influence de l'air, qui, mis en vibrations correspondantes aux vibrations du corps sonore, sollicite les corps environnans susceptibles d'engendrer des sons efficaces à entrer en vibrations, et à fortifier par leur résonnance le son principal. En faisant résonner une corde, en chantant dans un endroit où se trouvent d'autres corps sonores, ces corps commencent à résonner simultanément, et sur-tout si la corde ou la voix produisent des sons à l'unisson avec les corps sonores. Cependant la résonnance la plus distincte est toujours celle de l'unisson.

Si l'on fait vibrer une corde partagée en deux, celle à côté se partage aussi en deux en résonnant. La transmission du son par l'air, devient sur-tout très-sensible lorsqu'il fait entendre un son, pendant qu'on présente la bouche à l'ouverture d'une cloche ou d'un gobelet: elle est portée alors à un degré d'intensité qui étonne. Il y a des personnes qui ont fait éclater un verre ainsi, en produisant l'unisson. Les corps communiquent aussi leurs vibrations aux corps avec lesquels ils sont en contact : c'est pour cela qu'on donne aux instrumens une caisse de bois mince, dont les fibres longitudinales sont capables d'entrer en vibrations harmoniques.

Les cordes peuvent encore osciller longitudinalement, en s'étendant ou en se contractant selon leur longueur. On produit ces vibrations en frottant la corde ou ses parties aliquotes avec un archet très-incliné, dans la direction de l'axe. Les vibrations longitudinales les plus simples, sont celles où la corde entière se porte vers l'un ou l'autre point fixe.

Le second mode est celui où la corde se divise en deux parties égales, qui se portent par des mouvemens opposés vers le nœud du milieu ou vers les points fixes. Le troisième, celui où la corde se partage en trois parties ou plus. Il faut pour cela des cordes très-longues. Les sons obtenus par ces vibrations, sont réciproques aux longueurs des parties qui oscillent; mais ils sont beaucoup plus aigus que ceux produits par les vibrations transversales; car l'élasticité qui ramène les parties oscillantes à leur position primitive, jouit dans ce cas d'une intensité plus grande.

§ 5.

Première proposition.

Les ébranlemens sonores, dans les corps solides susceptibles de participer à ces vibrations, sont, ou excités immédiatement ou par l'intermédiaire d'autres corps.

En appliquant immédiatement le mode d'ébranlement à un tel corps, les parties, excitées à entrer en vibrations rapides, sollicitent alors les parties voisines des mêmes vibrations analogues à celles qui se propagent dans la masse du corps. S'il est terminé par des bords minces, on excite un son en le frottant suivant la longueur. Pour le faire osciller d'une manière non immédiate, il faut le mettre en communication avec un autre corps, qu'on fait entrer immédiatement en vibrations.

Seconde proposition.

La surface d'un corps solide qui oscille est agitée perpendiculairement au plan, ou suivant le même plan. L'existence de ces deux sortes de mouvement peut être reconnue facilement : car si le mouvement est normal, répandez sur la surface de la plaque du sable très-fin; la faisant alors vibrer, on verra le sable osciller suivant la direction perpendiculaire. L'impression que la surface imprime au sable est toujours plus ou moins oblique. Les grains se portent également sur les parties en repos; mais ils exécuteront leur mouvement sans quitter la surface vibrante sur laquelle ils ne font que glisser.

Troisième proposition.

Pour exciter dans ces plaques ou lames solides, minces, élastiques, des vibrations sonores par un mouvement normal, on n'a qu'à les frotter avec un archet. Or, à mesure que ces plaques produisent des sons, leurs surfaces se partagent en parties vibrant séparément, et qui participent à des mouvemens alternatifs. Il se présente dans les plaques des lignes immobiles, nommées nœuds, qu'on peut rendre visibles, en répandant du sable sur les plaques placées horizontalement. Les grains de sable se divisent en parties *notales*, dont l'ensemble s'appelle *figures notales*.

On ne peut produire sur une telle plaque que certains sons, dont les rapports diffèrent entièrement de ceux dont on fait usage en musique. Il n'est pas question ici d'octaves ni de quintes successives : la production de ces sons est analogue à celle où une corde se divise en parties aliquotes; les plaques ne rendent d'autres sons que ceux représentés par certains nombres. Cependant le son est d'autant plus aigu, que les parties vibrantes sont plus petites. Quelquefois ces figures présentent des distorsions. Elles n'altèrent pas le son, parce que chaque partie vibrante conserve sa grandeur relative aussi long-temps qu'on produit le même son.

Selon le lieu où l'on serre la plaque, et le lieu où l'on applique l'archet, on obtient une espèce de carré aux angles arrondis; — une figure ayant deux lignes notales horizontales, coupées par le milieu par une autre ligne; — trois lignes notales parallèles sur la même plaque; — enfin, une circonférence de cercle.

Les oscillations des plaques circulaires se réduisent à des lignes notales diamétrales ou circulaires. — Deux lignes notales se croisant par le centre; — trois lignes notales diamétrales se coupant au centre; — la figure formée par une circonférence concentrique, traversée par une ligne diamétrale.

§ 6.

Vibrations des verges et Bâtons cylindriques rectilignes.

Ils sont susceptibles de vibrations transversales, longitudinales et tournantes.

Vibrations transversales. Elles sont différentes, suivant que les extrémités des verges sont fixes ou libres. Dans le premier cas, il suffit qu'un des bouts soit appuyé sur un plan solide. On le frotte transversalement avec un archet.

Pour déterminer les nœuds des vibrations, on presse légèrement les points de la verge qui doivent rester immobiles. Dans ce cas, le son est plus grave.

Si les deux extrémités sont libres, il se forme deux nœuds. La longueur de la partie située entre deux nœuds, est à peu près le double d'une partie située aux extrémités. Le rapport du nombre de vibrations transversales de ces verges est différent de celui que suivent les cordes oscillantes transversales. L'action de leurs rayons étant plus énergique, les sons haussent plus rapidement à mesure qu'on les divise en plus de parties. L'analyse démontre le résultat suivant : le nombre de vibrations de deux verges de même nature, mais différant en épaisseur et en longueur, est proportionnel aux épaisseurs, et réciproque au carré des longueurs. En faisant vibrer des verges, ou elles oscillent suivant la longueur, ou elles se divisent en parties égales, séparées par des nœuds mobiles. Pour produire les divisions en parties aliquotes, il faut toucher les verges aux endroits des nœuds. Ces sortes de sons sont très-graves; aussi, pour apprécier leur rapport, on se sert de verges très-longues.

§ 7.

Vibrations des verges et bandes élastiques courbes.

Les vibrations d'une verge courbe en fourche, et dont les branches sont parallèles, ne diffèrent pas essentiellement de celles d'une droite, dont les extrémités sont fixes. En courbant une telle verge au milieu, on trouve que les nœuds se rapprochent de plus en plus, et que les sons deviennent plus graves que si les mêmes nœuds se trouvaient sur une droite. On observe que la force des sons qui correspond à une telle verge, se change en une autre toute différente.

Le mode de vibration le plus simple est celui où les deux branches s'approchent et s'éloignent alternativement : alors la verge entière oscille sans se diviser en parties aliquotes. La double verge ou fourche qui sert de *diapazon* pour régler les instrumens, présente un exemple de ces vibrations. Le deuxième mode est celui où chaque branche renferme des nœuds, dont deux sont très-rapprochés de la courbure, et les deux autres se trouvent aux extrémités.

Le troisième mode est celui où l'on a cinq nœuds : un dans la courbure, et deux à chaque branche. Si la fourche se divise en quatre, cinq, six nœuds, la série qu'on obtient forme le carré de ces nombres.

§ 8.

Vibration des anneaux, des vases élastiques courbes et ronds.

1.° Un anneau sonore présente une verge cylindrique courbée circulairement, dont les extrémités sont réunies. Les vibrations d'un tel anneau sont toujours telles, qu'il se partage en deux, quatre, six nœuds, nombre pair de parties.

2.° On ne considère dans l'Acoustique que ceux des vases dont les surfaces sont de révolution autour d'un même axe. De cette nature sont les cloches, capsules de verre employées dans les *harmonica*. Les vibrations d'une telle cloche sont analogues à celles d'une plaque ronde, traversée par des lignes notales qui se coupent au sommet de la cloche. Pour exciter les sons qu'une telle cloche peut rendre, on touche avec les doigts une ou plusieurs lignes, et on frotte le corps avec un archet au milieu d'une partie vibrante. Pour rendre visibles ces vibrations, on remplit le vase d'eau ou de mercure : alors la liqueur repoussée indique les vibrations par ses ondulations. On peut encore le prouver, en mettant le vase dans un autre rempli d'eau.

Le son le plus grave qu'un vase puisse rendre, répond au cas où il se partage en quatre parties; le deuxième mode, en six parties vibrantes; le troisième, en huit parties. Réunissant un certain nombre de vases de verre semblables en figure, mais inégaux en grandeur, on peut les choisir de manière qu'ils rendent les notes musicales. Pour les accorder, on y verse plus ou moins d'eau, ce qui fait baisser plus ou moins le son. On peut le faire aussi avec des lames de métal, en en faisant varier la longueur. Ce sont ces sortes d'appareils qu'on nomme *harmonica;* mais comme il y a interruption dans la production de ces sons, on enfile ordinairement ces capsules à un même axe, auquel on imprime un mouvement horizontal. Ces capsules frottent contre une bande de *peaux mouillées :* ce sont les *harmonica* à cylindre.

§ 9 (de Fischer).

Les temps d'oscillations décroissent comme le carré des longueurs.

Supposons qu'une lame de métal élastique, d'une certaine longueur, oscille une fois par seconde, l'on aura, en vertu de cette loi, en réduisant la lame à la moitié, quatre oscillations par seconde, ou bien l'oscillation durera $1/4$ de seconde; la réduisant à $1/3$, elle fera neuf vibrations par seconde, ou durera $1/9$ de seconde; à $1/4$, 16 oscillations, et durera $1/16$ de seconde.

Ainsi, le nombre d'oscillations d'une telle lame

élastique est en raison inverse du carré de sa longueur.

§ 10 (de Fischer).

On démontre, par des expériences de ce genre, que le son appréciable le plus grave est celui que donne une corde faisant 32 vibrations par seconde.

Tableau du nombre des oscillations des octaves supérieures.

Son le plus grave.	32
1.re octave supérieure. . .	32×2
2.e	32×2^2
3.e	32×2^3
4.e	32×2^4
5.e	32×2^5.

Expériences faites par le Père Mercel.

Une corde de laiton, ayant un quart de ligne d'épaisseur, tendue par un poids de 4 livres, longue de 138 pieds, rend une vibration par seconde. Le nombre de vibrations transversales d'une corde tendue étant réciproque à la longueur, il en résulte, qu'en la réduisant à la moitié, on aura 2 vibrations par seconde; à 1/4, 8 oscillations; à 1/16, 32 oscillations. Alors elle produit déjà un son appréciable; la longueur de la corde se trouve réduite à 1/4 ou 5/16 de pied. D'après cette expérience, une corde épaisse de 1/4 de ligne, longue de 1/4 ou 5/16 de pied, tendue par 4 livres, donne 32 vibrations par seconde.

Suivant Cladmy, on peut encore apprécier les sons

aigus, dans lesquels il se fait en une seconde 8 ou 9000 vibrations.

Note sur la communication des mouvemens vibratoires entre les corps sonores.

Première proposition. Les faits exposés précédemment, ont prouvé que tous les corps sonores, ébranlés convenablement, prennent des mouvemens vibratoires, dont l'intensité et la rapidité dépendent de la nature des corps, de leur élasticité, et de leur forme. Ils peuvent être mis en mouvement, ou immédiatement, ou par l'intermédiaire d'un autre corps, qui leur communique le genre de vibration dont il est affecté.

Seconde proposition. Pour examiner la nature des mouvemens vibratoires, communiqués à un corps par un autre en contact avec lui, M. Savarz propose l'expérience suivante : une corde de violon, tendue sur une règle de bois, et soutenue par un chevalet, posé sur une plaque de métal, séparée de la planche par des morceaux de liége; on répand du sable sur la plaque, pour rendre visibles les vibrations qui se propagent à travers le chevalet. Le sable s'arrange même en figures déterminées.

Cette expérience prouve que, par l'influence de la corde, la surface entière de la plaque entre en oscillations correspondantes à celles de la corde; et que, réciproquement, les oscillations de la corde sont modifiées par celles de la plaque. Cette expérience fait connaître le mode d'ébranlement des caisses sonores. Cette communication s'opère encore par le moyen de tous les corps solides. Réunissant des plaques de verre à leur centre, par un tube de verre perpendiculaire, faisant résonner l'une, les vibrations se communiquent à travers la tige à l'autre plaque, et si l'on y a répandu du sable, on voit que le sable retrace les mêmes figures.

Troisième proposition. Cette communication des mouvemens vibratoires entre un certain nombre de corps, qui, par leur réunion, ne forment qu'un seul tout, s'opère par des vibrations, tantôt transversales, tantôt longitudinales. Si l'on fait vibrer transversalement un verre à pied, auquel est mastiquée une verge plane de verre, cette verge entre en vibrations longitudinales, qu'on pourra apercevoir en y répandant du sable; si l'on fait vibrer la verge transversalement, le verre participera à un mouvement vibratoire longitudinal.

En réunissant entre elles plusieurs lames de verre de la manière indiquée, on trouve, qu'en faisant vibrer la première transversalement, la seconde vibrera longitudinalement, la troisième transversalement, et que, quel que soit le nombre des verges, l'ébranlement primitif transversal ou longitudinal passe continuellement de l'une à l'autre, en changeant alternativement de nature, et sans rien perdre pour cela de sa régularité. Lorsqu'on fait osciller une lame dans laquelle se forment certaines lignes notales, si l'on prend la face opposée à la lame, les lignes notales se placent en sens opposé, au milieu des intervalles de la face première de la lame.

§ 11 (Fischer).

De quelle manière les vibrations sonores sont propagées par l'air, son ressort étant supposé inconnu.

1.° Les vibrations d'un corps sonore se communiquent d'abord aux molécules de l'air en contact avec lui : elles se portent alors sur celles plus rapprochées ; mais celles-ci ne peuvent céder tout de suite à ces impulsions, à cause de leur inertie : il se passe un certain temps, mais inappréciable pour nous, jusqu'à ce qu'elles participent à ce mouvement. Les molécules se repoussent, forment une certaine quantité d'air condensé, se dilatent ensuite pour se condenser de nouveau. Par l'effet de leur élasticité, les molécules retournent, d'une part, à leur position primitive, pour être de nouveau ébranlées, si le corps sonore continue ses vibrations ; mais de l'autre, elles repoussent les molécules qui n'ont pas été ébranlées, et forment encore des masses condensées. Le même effet se manifeste pour les molécules suivantes, comme pour les premières : il se répète de la même manière, et ainsi le son se propage de plus en plus. C'est par ces ondulations, engendrées par des condensations et dilatations alternatives de l'air, que ces sons se transmettent de distance en distance ; mais comme les mouvemens imprimés à certaines parties d'un fluide se portent en tout sens, on conçoit que les ondulations de l'air, produites par les oscillations d'un même point vibrant, se propagent en tout sens autour du point, et s'élargissent de plus en plus, à mesure qu'elles s'en éloignent. Si plusieurs points vibrent à la fois, les ondes aériennes qui propagent les vibrations de chaque point se forment en même temps, se pénètrent, se traversent sans se détruire, comme celles de l'eau, mise en vibrations par plusieurs pierres. L'organe de l'ouïe reçoit alors séparément chaque son, et de la même manière, sans qu'ils se confondent.

Chaque ondulation se forme et se propage comme si elle était seule. Chaque droite, menée du point sonore ou vibrant sur laquelle se trouve une série de molécules aériennes oscillantes, est appelée un rayon sonore. Ces rayons se propagent dans toutes les directions, et c'est sur leur longueur que ces molécules aériennes oscillent longitudinalement par des condensations et dilatations alternatives. On peut encore envisager les endroits des ondes aériennes, situées sur chaque rayon sonore où l'air est immobile, comme des nœuds semblables à ceux des autres corps.

2.° Les sons ne se propagent pas seulement partout où les rayons sonores pénètrent immédiatement sans être arrêtés par des obstacles imperméables, ils se portent également dans des endroits où ces rayons ne parviennent pas directement. Dans les murs, cloisons, qui s'opposent au passage direct de l'air, il se trouve toujours des interstices plus ou moins grands, où se forment de nouvelles ondes, qui se jettent dans l'espace derrière l'obstacle, de la même manière que les ondulations, excitées dans un vase d'eau par le jet d'une pierre, se communiquent à deux ou trois bassins contigus l'un à l'autre dans un seul point. Chaque point de communication est le centre d'autant d'oscillations.

3.

L'élasticité de l'air exerçant son action en tout sens, chaque point d'un rayon sonore doit être envisagé comme un nouveau centre, duquel émanent d'autres ondes qui se propagent par le rayon tiré du point vibrant. Cette figure indique la manière dont les ondes sonores passent de l'autre côté d'une montagne ou autre grand corps imperméable.

3.° A mesure que les oscillations parties d'un corps sonore se propagent dans l'air libre, cette action se communique à un plus grand nombre de particules : il faut donc que ces agitations aillent constamment en diminuant d'intensité, à mesure qu'elles s'éloignent du corps sonore. L'expérience prouve que ce son, propagé dans l'air, s'affaiblit à mesure que la distance du corps augmente. Cependant l'expérience apprend, que si la masse d'air est contenue dans des tuyaux cylindriques ou acoustiques, par exemple, ces vibrations se propagent presqu'à l'infini.

Biot a confirmé ce résultat : dans les tuyaux des aqueducs de Paris, à la distance de 941 mètres ou 2927 pieds 1/2, on entend distinctement la voix la plus basse.

Vitesse du son.

(*Voyez* Fischer. Il parcourt 1042 pieds par seconde.)

1.° La manière dont l'air propage les vibrations sonores, prouve immédiatement que le son emploie un certain temps à se répandre de l'endroit d'où il prend naissance, à un autre endroit. Il s'écoule donc un certain temps jusqu'à ce que le son parvienne à l'oreille, et cette durée est en raison directe de la distance. (Preuve.) Si un coup de fusil est tiré à une certaine distance, on voit le feu avant d'entendre le coup : la lumière qui émane des corps terrestres, est aperçue au même instant qu'elle est engendrée, quelle que soit la distance. La vîtesse est si prodigieuse, qu'on doit l'envisager comme instantanée sur la terre. Par conséquent, pour connaître la vîtesse du son, il faut observer le temps qui s'écoule depuis la lumière vue, jusqu'au son entendu. C'est en suivant ce procédé, que MM. Casimir Maruldi et Lacaille firent les premières expériences exactes sur la vîtesse du son, en 1738, sur une ligne de 14636 toises ou 6,41, et située entre Mertegel et Montmartre. Ils trouvèrent que le son parcourt, en une seconde, avec une vîtesse uniforme, la distance de 1038 à 1040 pieds : la température était à 6 degrés réunis. Ces résultats ont été confirmés par des expériences semblables en 1810. Le bureau des longitudes l'a fait répéter, il y a 5 ans, par M. Orago, et ils trouvèrent que le son parcourt, en une seconde, à la température de 16 centigrammes, 174,9 toises ou 1049,4 pieds.

2.° Les expériences précédentes ont prouvé que la vîtesse du son est uniforme pour tous les sons graves, aigus, forts, faibles. On entend un coup de canon après le même intervalle de temps, qu'il soit dirigé vers vous ou du côté opposé. Cette vîtesse du son n'est pas influencée par l'état du ciel, mais par les variations que subit l'élasticité de l'air, et par la force et la direction du vent. L'élasticité de l'air augmente à mesure que la température s'élève, et décroît à mesure qu'elle s'abaisse.

Vîtesse du son par secondes, suivant différens degrés de température.

Degrés.	Pieds.	Différence.
0.	1027.	0.
5.	1038,9.	11,9.
10.	1050,5.	11,8.
15.	1062.	11,3.
20.	1074.	12,0.
25.	1085,5.	11,5.
30.	1096,9.	11,4.

La direction et la force du vent influent également sur la vîtesse du son : si le vent se dirige perpendiculairement sur la ligne comprise entre le corps sonore et l'observateur, la vîtesse du son est la même que dans un temps calme; si la direction du vent coïncide avec cette ligne, la vîtesse du son augmente, et elle diminue si cette direction lui est contraire.

Ces observations ont prouvé qu'un vent ordinaire augmente ou diminue la vîtesse du son de 5 pieds; un vent fort, de 10 pieds; un vent très-fort, de 15 pieds. Pour calculer la distance d'un coup de canon, d'un coup de foudre, on n'a qu'à multiplier la distance que le son parcourt, à la température actuelle, par le nombre de secondes écoulées entre l'instant où l'on a vu la lumière et celui où l'on a entendu l'explosion. Un jour de tempête, à la température de 20 degrés, on a vu un éclair, et il s'est écoulé 15 secondes avant que le bruit ne se soit fait entendre (à 20 degrés, la vîtesse du son est 1074 pieds). Je multiplie 1074 par 15, ce qui fait la distance de 16110 pieds.

3.° Les expériences sur la vîtesse du son, faites en 1738, avaient déjà constaté que les sons forts ou faibles, aigus ou graves, se propagent avec la même rapidité. M. Biot l'a constaté de nouveau. Il fit jouer de la flûte dans les aqueducs de Paris : il entendit l'air parfaitement, ce qui n'aurait pas eu lieu, si quelques sons s'étaient propagés plus vîte que les autres. Il ne faut pas confondre la rapidité avec laquelle les molécules forment les ondes aériennes, avec la rapidité de la succession de ces ondes. Les ondes aériennes, propageant un son aigu, vibrent plus rapidement, et sont moins longues que celles qui propagent les sons graves. Cependant la succession est toujours la même. Les vibrations des ondes aériennes doivent être plus ou moins rapides, selon la hauteur des sons; mais la vîtesse avec laquelle elles se succèdent, est la même pour tous les sons.

4.° *Propagation des sons à travers les solides et les liquides, et vîtesse de cette propagation.* Pour expliquer la propagation du son à travers les solides et les liquides, on peut se représenter qu'il se communique comme un mouvement dans une série de boules élastiques; et qu'aussi, dans tous les corps, il se communique de molécules en molécules. Celles qui ont vibré, restant ensuite en repos, à moins qu'elles ne soient excitées par des corps sonores, les molécules des corps ne se touchent jamais exactement, à cause de la force du calorique opposé à l'attraction moléculaire; on peut donc supposer qu'il se forme dans les corps solides et liquides des ondulations comme dans l'air. La vîtesse de cette propagation surpasse celle de la transmission par l'air. Cette grande rapidité, et le peu d'étendue des corps solides, ne permettent pas d'avoir des résultats exacts. M. Biot a fait à ce sujet une expérience dans les aqueducs de Paris : il plaça, au bout d'un tuyau, un timbre et un marteau de fer, qui frappait en même temps sur le timbre et sur le tuyau ; il entendit deux sons, et trouva que celui propagé par le fer, arrivait dix fois aussi vîte que celui propagé par l'air. Le son se propage neuf fois plus vîte à travers l'étain, et douze fois à travers le cuivre que par l'air. Beudant pense que la propagation du son à travers les liquides est très-grande. Quoique ces expériences offrent des difficultés, il lui paraît que cette vîtesse est de 1500 mètres par seconde. Cette vîtesse, dans l'eau douce, est 4 ½ plus forte que dans l'air.

5.° La longueur des ondes aériennes par lesquelles les sons se propagent, dépend de la vîtesse des vibrations du corps sonore. Or, la théorie des ondes prouve que leur longueur, insensiblement, égale l'espace que le son parcourt pendant le temps que durent les oscillations du corps vibrant; et quand on connaît la durée d'une vibration, on peut en déduire la longueur des ondes. Car, supposant qu'une vibration dure une seconde, la longueur de cette onde est égale à l'espace que le son parcourt en une seconde. On a 1024 pieds, si la vibration dure une demi-seconde, il y a deux vibrations par seconde; la longueur de l'onde est égale à l'espace que le son parcourt en une demi-seconde ou à 512 pieds. Dans toutes les vibraions, la longueur des ondes est toujours proportionnelle à la durée, d'où l'on déduit le tableau suivant :

Durée des vibr.	Nombre des vibr.	Longueur des ondes.
1″..........	1............	1024 pieds.
1/2″........	2............	512
1/4″........	4............	256
1/8″........	8............	128
1/16″.......	16............	64
1/32″ (*)....	32............	32
1/64″.......	64............	16

Donc, à mesure que les vibrations aériennes deviennent plus rapides, et qu'elles répondent à des sons plus aigus, la longueur des ondes diminue proportionnellement; d'où l'on déduit : $L = \frac{1024}{n}$.

L — est la longueur des ondes;
n —, le nombre de vibrations;
1024 —, le nombre de vibrations par seconde.

Ce résultat prouve la grande différence qu'il faut mettre entre la formation successive des ondes, entre leur longueur et la rapidité des oscillations. La vîtesse du son consiste dans cette succession uniforme; mais la longueur des ondes et la rapidité des oscillations déterminent la gravité et l'acuité des sons.

§ 13 (*voyez* Fischer).

Les ondulations de l'air, à mesure qu'elles s'éloignent, diminuent d'intensité, parce que le nombre de particules d'air, mises en vibrations par la propagation du son en tout sens, va toujours en augmen-

(*) C'est là que commencent les sons appréciables.

tant. Cette intensité décroît vraisemblablement en raison inverse du carré des distances; mais l'expérience n'a pas encore assez prouvé cette loi. Nous ignorons également à quelle distance ces ondulations, ou cessent ou ne sont plus perceptibles à l'oreille pour les différentes espèces de sons forts ou faibles, graves ou aigus. Cette distance dépend, non-seulement de l'intensité du son, mais encore d'une foule d'autres circonstances de la force ou de la direction du vent, des différentes causes locales, telles que les positions des plaines, des montagnes, la résonnance des corps environnans. L'expérience a prouvé que certains sons ont été entendus très-loin : dans le siége de Gênes, les coups de canon ont été entendus à 37 lieues de distance; à la bataille d'Jéna, Cladmy a entendu le canon à 28 lieues 1/3 ; l'explosion de certains météores, qui ont éclaté dans les régions supérieures, a été quelquefois entendue 10 minutes après qu'on a eu vu le feu, ce qui donne une distance de 43. Dans une plaine, sur la surface de l'eau, pendant une nuit tranquille, la voix, le bruit d'une caisse se propagent à plusieurs lieues. Cladmy a dit que, parmi les instrumens, le cor de Russie se propage le plus loin. (Humball, *Mémoires de physique*, tom. 13.)

§ 14 (*voyez* Fischer).

L'expérience suivante prouve dans quelle direction les sons parviennent à l'oreille. En se bouchant une oreille, et fermant les yeux, on rapporte toujours le son à la direction de l'axe de l'oreille, de quelque côté qu'il vienne.

A mesure que l'axe de l'oreille se rapproche de la

véritable direction, l'intensité du son augmente; et c'est par ce moyen qu'on distingue de plus en plus la direction suivant laquelle le son affecte l'organe, et la position du véritable point d'où il a pris naissance.

Première note sur la réflexion et la répercussion du Son.

Les ondulations sonores se propagent indéfiniment dans une masse d'air, qui n'est pas interrompue par des obstacles; mais si l'onde est arrêtée par un obstacle, alors elle rétrograde à la manière des ondulations circulaires d'un liquide dans lequel on jette une pierre, qui rétrograde sans s'altérer. Si le rayon arrive perpendiculairement sur l'obstacle, il rétrograde dans la même ligne sur lui-même; si le rayon rencontre l'obstacle obliquement, il revient en faisant l'angle de réflexion égal à l'angle d'incidence. L'expérience prouve les propositions suivantes sur la réflexion des sons ou des ondes sonores. *Première loi.* Chaque rayon sonore est réfléchi par l'obstacle qu'il rencontre, de manière que l'angle de réflexion égale l'angle d'incidence. Les dernières molécules aériennes qui frappent contre l'obstacle, subissent condensation, et produisent, suivant cette loi, un mouvement rétrograde dans les ondes aériennes par le débandement de leurs ressorts. *Deuxième loi.* La vîtesse du son réfléchi est la même que celle du son direct. *Troisième loi.* L'intensité du son, à l'extrémité du rayon réfléchi, est exactement égale à celle qu'aurait le rayon direct à un point situé derrière le plan, à la même distance. *Quatrième loi.* Si la masse d'air qui propage le son est située entre deux plans parallèles et indéfinis, le son réfléchi par un plan se porte sur l'autre, et ainsi de suite indéfiniment. Entre deux plans non parallèles, il s'opère un certain nombre de réflexions qui dépendent de l'inclinaison du plan. Il peut donc arriver, dans ce cas, que le rayon sonore prenne des directions parallèles, après avoir subi un certain nombre de réflexions. C'est sur ce principe qu'est fondée la théorie des porte-voix.

Echos.

Lorsqu'un son se répète une ou plusieurs fois de suite, il porte le nom d'écho. Ce phénomène est produit par la réflexion des ondes aériennes, qui s'appuient sur un obstacle rétrograde, selon les lois de la réflexion. Le poli ou l'inégalité des surfaces réfléchissant, n'exerce pas une influence marquée sur ce phénomène, car on rencontre souvent les meilleurs échos dans les montagnes et les forêts; et des navigateurs aériens ont observé qu'à une certaine hauteur, on entend tous les sons réfléchis par la terre. Lorsque les sons directs et réfléchis se confondent, on les appelle résonnances : elles se manifestent principalement dans les endroits voûtés et de peu d'étendue; mais quand on se trouve en plein air, à une certaine distance de l'obstacle, et qu'il s'écoule un certain temps entre le son direct et le son réfléchi, c'est un véritable écho. Il est multiplié quand le même son est renvoyé par plusieurs obstacles.

Il y a à Verdun deux tours, éloignées l'une de l'autre d'environ 50 mètres, qui répètent 12 fois le même mot. A Milan, il y a un écho qui répète 40 fois le même mot. Gassendi parle d'un écho, près de Rome, qui répétait 8 fois le premier vers de l'Énéide.

L'écho est, ou monosyllabe ou polysyllabe; cet effet dépend en grande partie de la distance de l'obstacle. Le son parcourant environ 1040 pieds en une seconde, une oreille, placée à 520 pieds de l'obstacle, peut entendre la répétition du son dans une demi-seconde. L'organe de l'ouïe peut distinguer, sans qu'ils se confondent, dix sons dans une seconde; donc, dans un véritable écho, il faut que le son direct soit suivi du son réfléchi, au moins après l'intervalle d'un dixième de seconde. Par conséquent, pour entendre un son réfléchi, il faut être placé au moins à la distance de 52 pieds ou 17 mètres. A une distance double, triple, quadruple, l'écho peut faire entendre 2, 3, 4 sons.

L'endroit où le son est engendré, est appelé centre phonique, et celui où le son est répété, centre phonocantique : ce dernier point est donc au moins placé à 17 mètres de l'autre.

On vient d'expliquer les échos produits par la rétrogradation des ondes. Il y en a encore une autre espèce, dont l'explication n'est pas aussi facile. M. Biot, parlant dans les aqueducs de Paris, a observé que sa voix était répétée 6 fois; les intervalles de ces échos étaient à peu près d'une demi-seconde, et le dernier était entendu à peu près trois secondes après les autres, ce qui est à peu près le temps que le son met pour aller d'un bout de tuyau à l'autre.

Ces échos viennent peut-être de ce que les parois n'étaient pas exactement parallèles, ou d'autres causes qu'on ignore.

Voûtes phoniques.

Il y a des salles où un son faible, engendré à un bout, se fait entendre à un autre, sans qu'il soit perceptible aux autres ou dans les endroits intermédiaires. Ces effets sont dus quelquefois au hasard; mais on peut construire des salles de cette espèce : il faut qu'elles représentent une ellipsoïde; il y a deux foyers égaux, et les rayons sonores qui partent de l'un, sont réfléchis de manière à passer par l'autre, en faisant deux angles égaux. Deux interlocuteurs, placés aux deux bouts de la salle, peuvent tenir une conversation suivie à voix basse. On peut encore le faire avec des parties de voûtes sphériques dont les foyers correspondent, ou dans des espaces terminés par des surfaces coniques. Il existe de telles salles dans les caves de l'Observatoire de Paris, au dôme de l'église de Saint-Paul à Londres; on y entend les battemens d'une montre d'un bout de salle à l'autre. Il y a en Sicile, à Cricendi, une église fameuse par un pareil écho : il fut découvert, parce qu'on entendait à la porte de l'église tout ce qu'on disait dans un confessionnal placé derrière l'autel.

Tuyaux acoustiques.

Les sons conservent leur élasticité, et se propagent indéfiniment dans l'air contenu. L'expérience prouve que, dans des tuyaux cylindriques de carton ou de métal, qui ont partout le même diamètre, les sons se propagent presque sans s'affaiblir. Il en est de même si ces tuyaux sont courbes. Deux personnes peuvent, au moyen de ces tuyaux, s'entretenir à voix basse à de très-grandes distances : M. Biot l'a prouvé dans les aqueducs de Paris. Cette transmission des sons a été ingénieusement employée dans certains appareils, par lesquels on donne, sans être aperçu, des réponses à des questions proposées. De ce genre était la femme parlante et invisible, qui a été vue dans les principales villes de l'Europe.

Porte-voix.

Dans un tuyau acoustique, le son se propage indéfiniment, mais son intensité n'est pas augmentée. Pour transmettre la voix humaine à une plus grande distance à travers l'air, et avec une plus grande intensité, on se sert d'un instrument appelé porte-voix. C'est un tube d'une certaine longueur, qui va en s'élargissant d'une extrémité à l'autre; il est quelquefois terminé, à l'ouverture la plus large, par un évasement appelé pavillon. On applique les lèvres à l'ouverture la plus étroite, alors les sons sont portés à des distances beaucoup plus grandes. La figure en doit être telle, que les rayons sonores, réfléchis par les parois latérales, prennent une direction parallèle à l'axe; alors ces rayons, au lieu d'être dispersés de tout côté, arrivent, en prenant cette direction, en plus grand nombre à l'endroit où ils doivent atteindre l'axe. En se servant de cet appareil, il faut avoir le soin de bien articuler les mots. On a beaucoup varié la forme des porte-voix : le fameux Lambert a fait voir que la forme la plus convenable est celle d'un cône tronqué. On peut envisager la distance de 70 pieds comme la plus grande à laquelle une voix ordinaire soit encore perceptible, et 400 pieds pour une voix qui se fait entendre fortement. Lambert trouve que, pour transmettre une telle voix à douze fois et demi cette distance, le porte-voix doit avoir les dimensions suivantes:

Le diamètre de l'ouverture à laquelle on applique la bouche, 1 pouce 1/2 ; celui de la grande ouverture, 13 pouces; la longueur de l'axe, 4 pieds 4 pouces. Pour une distance double, la grande ouverture, 26 pieds 1/2 de diamètre; la longueur de l'axe, 26 pieds; d'après Lambert, le pavillon est inutile. Cependant des physiciens ont observé que ceux à pavillon faisaient entendre les battemens d'une montre à distance double. La matière du porte-voix n'exerce aucune influence sur la propagation du son.

Cornets acoustiques.

Les cornets acoustiques ne sont autre chose que des porte-voix renversés, qui présentent une ouverture large aux rayons sonores, afin de les concentrer et de les porter en plus grand nombre à l'oreille; c'est pour cela qu'ils sont terminés par un canal très-étroit. Lambert a proposé de donner aux cornets acoustiques la forme d'un parabolloïde ou d'un cône tronqué. Cependant cette forme doit être telle, que les sons ne rebroussent pas en arrière; ainsi cette figure doit avoir certaines dimensions. Un médecin, observant que le son est fortifié par une masse d'air contenu, a proposé un cornet qui, à cause de sa figure, porte le nom de cornet acoustique double. (*Voyez* Fischer.)

Dans les instrumens à vent, ce n'est pas le corps sonore, mais la masse d'air qui forme le son. Les instrumens sont des tuyaux rectilignes ou courbes, dans lesquels l'air est mis en vibrations longitudinales, qui, transmises à l'air extérieur, y excitent des vibrations correspondantes, devenant appréciables à l'organe, si elles sont assez rapides. Le son ne change pas, si on change la matière du tuyau. La différence physique du son ou du timbre, provient probablement du frottement de l'air contre les parois intérieures du tuyau ou d'une faible résonnance.

Production du son.

En soufflant faiblement dans un tuyau, on n'obtient qu'un mouvement progressif. Pour qu'un son soit produit, il faut exciter dans la colonne d'air du tuyau une suite de condensations et de dilatations, qui déterminent l'air à osciller longitudinalement, et qui engendrent des vibrations sonores analogues à celles qui subsistent dans l'air. On obtient cet effet de trois manières différentes :

1.° Si, serrant plus ou moins les lèvres, le souffle est dirigé de manière qu'il frappe obliquement le bord d'une ouverture circulaire, appelée l'embouchure du tuyau : il en est ainsi pour les cors de chasse, les trompettes, la flûte.

2.° Si une lame d'air, qui traverse un canal étroit, et qui est mise en mouvement avec une certaine force, se brise contre un tranchant en talus ; comme dans un bourdon d'orgue, dans un sifflet.

3.° L'air d'un tuyau peut encore être mis en oscillations sonores, en faisant vibrer des corps minces, rigides, membraniformes. Par un tel arrangement, les sons deviennent plus forts, plus ronflans. Cette membrane, qui s'appelle *languette*, est ordinairement une mince lame métallique. Les tuyaux d'anches, employés pour produire certains sons, n'ont point d'ouverture; mais ils ont dans leur intérieur un appareil que l'air fait vibrer. On peut allonger dans ces tuyaux la membrane vibrante au moyen d'une rayette. On se sert de ces anches, dans les orgues, pour imiter le son de la trompette.

Circonstances et lois auxquelles les sons engendrés dans les tuyaux obéissent.

1.° *Circonstances qui influent sur les sons.* Les vibrations longitudinales de la colonne d'air de chaque instrument à vent, s'exécutent par des condensations et dilatations successives de l'air; et ces sons dépendent de la longueur de la colonne d'air, de la manière de souffler, de l'ouverture par laquelle on fait passer la lame d'air, et enfin du ressort de l'air.

Les sons varient d'abord suivant la longueur du tuyau. A mesure que la colonne d'air augmente ou diminue, qu'elle se partage en parties plus ou moins longues, les sons deviennent plus graves ou plus aigus : ils varient encore suivant l'intensité du souffle. A mesure qu'on imprime à l'air une vîtesse plus ou moins grande, la colonne se partage en parties plus petites, et oscillant plus rapidement. Le son dépend encore de l'ouverture par laquelle on fait entrer la lame d'air, suivant des proportions que l'expérience seule peut faire connaître. Enfin, les sons diffèrent, suivant la température, lorsque le ressort de l'air est plus ou moins actif.

2.° *Lois auxquelles obéissent les vibrations de l'air et de ses parties qui oscillent dans des tuyaux.*

Cas où le tuyau est fermé à un bout. En soufflant dans un tuyau ouvert et fermé par l'autre, de manière à faire entrer l'air en vibrations sonores, la colonne mince d'air qui affleure l'orifice ne fait qu'entrer un peu dans le tuyau, et en sortir tour à tour, sans subir ni condensations ni dilatations. Ces ébranlemens, qui se répètent avec rapidité, excitent alors dans la colonne d'air des ondulations d'une longueur déterminée, qui, alternativement condensées et raréfiées, se propagent de l'ouverture jusqu'au fond. Arrivées à l'extrémité bouchée, elles se réfléchissent sur elles-mêmes, et continuent à se propager en rétrogradant, comme elles auraient fait si la colonne d'air s'était propagée au delà du fond. Cette double série d'ondulations directes et rétrogrades, ne se trouble pas; ces effets se superposent sans se confondre : la colonne comprise entre le fond fermé du tuyau et son orifice, se partage à mesure que les impulsions primitives deviennent plus énergiques. La même théorie prouve que les vibrations régulières auxquelles la colonne d'air peut participer, obéissent à deux conditions; savoir :

Qu'un nœud de vibrations se trouve à l'extrémité fermée, où les vibrations des molécules aériennes restent immobiles, et que l'orifice ouvert soit le milieu d'une onde où la colonne d'air n'éprouve pas de variation de densité. Comme ces deux conditions peuvent se remplir de beaucoup de manières, on en déduit les différens nœuds de vibrations, ainsi que la série des sons que peut rendre un tel tuyau fermé à une extrémité. Le premier mode, le plus simple de tous, est celui où la colonne d'air s'approche et s'éloigne alternativement de l'extrémité fermée où se trouve un nœud de vibrations : l'étendue des ondes, dans ce cas, est double de celle du tuyau où la moitié de l'onde occupe toute la longueur. Par conséquent, L étant la longueur du tuyau, le nombre de vibrations en une seconde $= \frac{1024}{2L}$, ou $N = \frac{1024}{2L}$: dans ce cas, c'est le son le plus grave. On peut le représenter par l'unité. Le second mode de vibrations est celui où, le souffle augmentant suffisamment, il se forme un second nœud de vibrations entre celui qui se trouve au fond et l'extrémité ouverte : ce nœud est éloigné d'un tiers de l'extrémité où l'on souffle, et de deux tiers de l'extrémité bouchée (*). La colonne d'air se partage, en ce cas, en une partie double NN', et une partie simple AN' : l'onde entière est égale aux deux tiers de la longueur du tuyau ; par conséquent, le nombre des vibrations $= \frac{1024}{2/3L}$ ou $= \frac{3 \times 1024}{2L}$. On peut représenter ce nombre par 3. Les vibrations sont trois fois plus rapides que dans le mode précédent. Le troisième mode est celui où, augmentant encore l'impulsion de l'air, il se forme deux nœuds, outre celui qui se trouve au fond ; la colonne se partage en une partie simple, éloignée d'un tiers de l'extrémité, et en deux parties doubles.

(*) A 1/3 N' 2/3 N
> | < · > |

A 1/3 N'' 1/3 N' 1/3 N
· > | < > | < > ·

La longueur de chaque onde est les 2/5 de la longueur du tuyau ; par conséquent, le nombre de vibrations est égal à $= \frac{1024}{2/5\,L} = \frac{5 \times 1024}{2L} = 5$. En continuant ainsi, on trouve, qu'en représentant le son fondamental, obtenu par le premier mode, par (I), un tel tuyau est susceptible de rendre la série de sons représentée par la suite des nombres impairs 1, 3, 5, 7, 9, 11 ; et les autres sons intermédiaires ne peuvent exister dans un tel tuyau.

Dans ces différens modes, il y a toujours des points intermédiaires entre deux nœuds, où les variations de densité sont entièrement nulles. En perçant à ces endroits un trou latéral, la communication qui s'établit avec l'air extérieur n'influe en rien sur les vibrations intérieures ; les densités, à ce point, étant égales à celles de l'air extérieur.

3.° En soufflant dans un tuyau ouvert aux deux bouts, le mode le plus simple est celui où se forme au milieu un nœud de vibrations, vers lequel s'approchent et s'éloignent les deux parties simples. La couche d'air du milieu fait alors fonction de séparation fixe, et c'est contre elle que se portent les deux colonnes partielles de l'air du tuyau. Les ondulations, parvenues à l'extrémité ouverte, sont repoussées par l'air extérieur, de manière que l'air ne fasse qu'entrer et sortir un peu, sans changer de densité. Le son que le tuyau rend dans ce cas, et qui est le plus grave de ceux qu'un tel tuyau peut donner, est l'octave supérieure plus aiguë du son fondamental d'un tuyau fermé par un bout qui a la même longueur. Il est donc représenté, relativement au premier, par 2, ce qui prouve en même temps la présence d'un nœud au milieu. Les mouvemens oscillatoires s'achèvent au même instant dans des directions opposées, et engendrent des ondes d'une longueur égale à celle du tuyau. Le nombre de vibrations en une seconde, sera, par conséquent, $\frac{1024}{L}$: on peut le représenter aussi par (I). Le deuxième mode est celui où, augmentant l'intensité du souffle, il se forme deux nœuds de vibrations, éloignés des extrémités du quart de la longueur. L'air du tuyau est partagé en une partie double au milieu, et deux parties simples aux extrémités. La longueur des ondes est égale à la moitié de la longueur du tuyau; donc le nombre de vibrations en une seconde $= \frac{1024}{1/2L}$ ou $= \frac{2 \times 1024}{L}$. On peut représenter ce nombre par 2. Le troisième mode est produit par deux parties doubles au milieu, et deux simples aux extrémités. Il se forme trois nœuds, et chacun des deux nœuds extrêmes est éloigné du tuyau d'un sixième. La longueur des ondes est égale au tiers de celle du tuyau, et le nombre des vibrations en une seconde $= \frac{1024}{1/3L} = \frac{3 \times 1024}{L}$: ce qu'on peut représenter par 3.

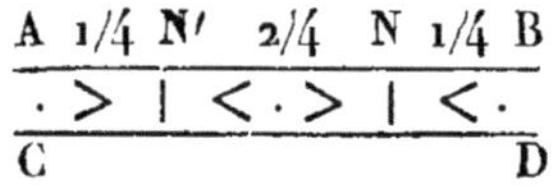

A 1/4 N′ 2/4 N 1/4 B
· > | < · > | < ·
C D

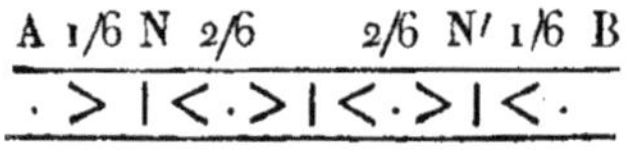

A 1/6 N 2/6 2/6 N′ 1/6 B
· > | < · > | < · > | < ·

En continuant le même raisonnement pour quatre, cinq nœuds, on trouve, qu'en représentant le premier son par l'unité, la série des sons rendus par un tuyau ouvert aux deux bouts, sera représentée par la suite des nombres entiers 1, 2, 3, 4, 5, 6, 7. Le son 7 est la tierce de la seconde octave supérieure. Il tombe entre deux sons reçus dans la musique.

Il se trouve ici, comme dans le cas précédent, des points intermédiaires, où les variations de densité sont également nulles.

4.° Les tuyaux dont une extrémité est en partie bouchée, l'autre étant ouverte, comme ceux des orgues appelés tuyaux à cheminée, doivent être rangés, par rapport aux sons qu'ils produisent, entre les tuyaux ouverts. En bouchant plus ou moins l'ouverture, on obtient tous les sons entre les plus graves d'un tuyau fermé, et les plus aigus d'un tuyau ouvert. Ceux qui donnent du cor, font, pour cette raison, entrer la main plus ou moins profondément dans le pavillon de l'instrument.

5.° L'air exerçant son ressort en tout sens, il est indifférent que les tuyaux soient rectilignes ou courbes. Il se manifeste la même série dans les instrumens convergens et divergens. On trouve, en comparant les sons des tuyaux divergens à ceux des convergens, que les sons des divergens sont un peu plus aigus; ceux du convergent, un peu plus graves que ceux du cylindrique.

6.° Dans les instrumens à vent, percés de trous latéraux, la série de sons fondamentaux est modifiée selon qu'on ouvre ou bouche les trous. En bouchant tous les trous latéraux, ces instrumens rentrent dans le cas des tuyaux cylindriques ouverts aux deux extrémités, et on obtient la série des sons 1, 2, 3, 4, 5, etc. Ensuite on excite des sons intermédiaires en ouvrant successivement un ou plusieurs trous; on élève le son fondamental d'une quantité proportionnelle à la grandeur des trous, et à leur distance de l'embouchure: cette théorie n'est pas encore entièrement connue. Des instrumens à vent, tels que le cor, le serpent, sont formés de tuyaux courbes, mais cette courbure n'influe pas pour le son : aussi ils rentrent dans le cas où les tuyaux sont ouverts aux deux bouts. La série des sons est la même pour un tuyau droit de même longueur, qu'un tuyau courbe.

7.° Dans les instrumens à anches, les sons, plus ou moins élevés, dépendent de la longueur de la languette, depuis l'endroit où elle est fixée par la rayette. La languette influe sur le son par sa longueur, son poids et son ressort. Quand on l'allonge, le son est plus grave; quand on la raccourcit, il est plus aigu. La figure des tuyaux qu'on a adaptés aux anches, exerce plus ou moins d'influence sur la nature du son. Les tuyaux coniques qui s'élargissent le plus, donnent le son le plus éclatant. En renversant l'anche, ils sont plus sourds; en fixant à un tuyau conique suffisamment long deux cônes opposés par leur base, les sons acquièrent plus de force ou de longueur.

De l'Organe de l'ouïe.

Cet organe présente entièrement une sorte de pavillon évasé par dehors, comme celui d'un cornet acoustique. Ce pavillon se rétrécit peu à peu en un conduit revêtu intérieurement de poils et d'une matière visqueuse. Le fond de ce canal est fermé complètement par une membrane sèche et tendue, recouverte au dehors par la peau, plus fine en cet endroit : cette membrane s'appelle le tympan ; elle est destinée à transmettre à l'intérieur les vibrations extérieures. Cependant cette propagation s'opère encore par les parties solides qui l'environnent. Le tympan peut être déchiré ou détruit, sans que la faculté d'entendre soit sensiblement altérée. Derrière le tympan est une cavité qui communique, au moyen de la *trompe d'Eustache*, avec le gosier ou le fond de la bouche : cette communication est nécessaire à la formation des sens ; car si ce conduit est obstrué, la surdité en est presque toujours la suite. C'est par ce conduit que l'air se renouvelle dans la cavité du tympan, et conserve le ressort de l'air extérieur. La caisse sonore renferme quatre petits corps osseux, appelés osselets, qu'on désigne par les noms de *marteau*, *enclume*, *obbiculaire*, *étrier*. Ces osselets forment une chaîne non interrompue, dont une extrémité, celle du *marteau*, est fixée au tympan, et dont une autre, la base de l'*étrier*, est posée sur une membrane qui ferme l'ouverture de la fenêtre ovale. Cette fenêtre ovale communique à un canal osseux, qui, à cause de sa figure contournée en spirale, porte le nom de limaçon, et qui se termine en une cavité plus grande, nommée le vestibule : cette cavité communique aussi au tympan par la fenêtre ronde, fermée aussi par une membrane. C'est encore dans ce vestibule qu'aboutissent trois canaux circulaires, dont l'ensemble, avec le limaçon et le vestibule, forme le labyrinthe. Toute cette cavité est tapissée intérieurement d'une mince membrane, et est remplie d'un liquide ou d'une espèce de fluide gélatineux, dans lequel plongent les extrémités du nerf auditif. On conçoit que les ondulations de l'air, se communiquant à la membrane du tympan, sont transmises de là, par l'air, par les parties osseuses, aux parois du labyrinthe, et parviennent enfin, par l'intermède du liquide, au nerf auditif. Si l'on détruit le tympan, de manière que le liquide ne s'écoule pas, l'audition peut encore avoir lieu, mais avec moins de perfection. Tant que le nerf auditif est entouré du liquide, les sons sont transmis par les parties solides de l'organe; mais si le quatrième osselet tombe, le liquide s'écoule, et la surdité est inévitable. Il résulte de cela, que la présence du nerf auditif, et son épanouissement dans le liquide du labyrinthe, sont proprement les seules conditions de l'audition. La perte des osselets entraîne toujours celle de la faculté d'entendre la voix.

De la Voix.

Les animaux à cou long, les mammifères, les oiseaux et les reptiles, ont seuls une véritable voix. L'organe vocal est à peu près le même dans tous : c'est un véritable instrument à anches libres, que l'un des poumons fait agir. A la partie supérieure de la trachée-artère, se trouvent deux membranes tendues, placées parallèlement l'une à l'autre, de manière que leur intervalle forme une fente, à travers laquelle l'air des poumons est forcé de passer, avant de s'échapper par la bouche. Si la voix est produite, ces membranes entrent en vibrations rapides. Cet appareil à une anche est appelé *glotte :* cette glotte est plus courte chez les femmes que chez les hommes. Quand elle est fermée suffisamment, l'air qui vient des poumons, frottant cette membrane, la fait entrer en vibrations, qui se communiquent au courant d'air sortant : c'est ce courant d'air qui produit la voix. Au-dessus de la glotte, se trouve une membrane qui fait fonction de couvercle, et c'est l'*épiglotte :* elle est plate, élastique, et destinée à éloigner de la glotte les corps étrangers. Elle influe sur la rapidité du courant d'air et sur la voix ; elle oscille également. L'organe vocal ne produit pas seulement une série de sons déterminés, mais il est capable de produire tous les sons, à toutes les nuances comprises dans les limites de l'échelle musicale, que chaque voix peut embrasser. Dans les sons graves, les membranes de la glotte oscillent dans toute leur longueur ; dans les sons aigus, elle se racourcit ; dans la dernière limite des sons aigus, la petite fente est très-étroite. Toutes les variations dont une voix est susceptible, sont causées par des changemens de la grandeur de l'ouverture, qui ne passe pas 0,1 de pouce. L'étendue des voix humaines comprend environ trois octaves au plus. Les mammifères et les reptiles ont une glotte à l'endroit où la trachée-artère aboutit à la bouche, comme dans les organes de l'homme ; mais il leur est supérieur par la mobilité de ses lèvres et de sa langue. La contraction de l'organe vocal des oiseaux chanteurs, se distingue par la position de la glotte. Les lames vibrantes sont placées à l'origine de la trachée-artère, qui est plus contractible. (Voyez *Annales de Physique et de Chimie,* 26 mai 1824, tom. 3.)

FIN.

www.ingramcontent.com/pod-product-compliance
Ingram Content Group UK Ltd.
Pitfield, Milton Keynes, MK11 3LW, UK
UKHW020422180726
13839UKWH00003B/1367